Bibliografische Information der Deutschen Nationalbibliothek:

Die Deutsche Bibliothek verzeichnet diese Publikation in der Deutschen National-
bibliografie; detaillierte bibliografische Daten sind im Internet über http://dnb.d-
nb.de/ abrufbar.

Impressum:

Copyright © 2018 GRIN Verlag
Druck und Bindung: Books on Demand GmbH, Norderstedt Germany
ISBN: 9783668921801

Dieses Buch bei GRIN:

https://www.grin.com/document/462622

Robin Broksch

Das Syndromkonzept als Orientierungshilfe

Eine Analyse der Containerisierung im Hamburger Hafen

GRIN Verlag

Universität Hamburg

Wintersemester 18/19

Institut für Geographie

[63-118] Übung:

Hafen Hamburg – Raumanalyse und Raumkonzepte

im Geographieunterricht

Das Syndromkonzept als Orientierungshilfe

AM BEISPIEL DER CONTAINERISIERUNG IM HAMBURGER HAFEN

ABGABE AM 27.12.2018

Robin Broksch

B.A. LA Gymnasium / Erziehungswissenschaft / Lehramt

Inhaltsverzeichnis

1 Einleitung

„Weder kann die Welt als eine „Box" beschrieben werden, noch kann sie im Maßstab 1:1 reproduziert werden. Der benötigte Beschreibungsansatz muss flexibel von der globalen bis auf die regionale Ebene anwendbar sein. Die benötigte Auflösung muss ein Modellieren auf einer Ebene zulassen, so dass Ergebnisse von Prognosen vor dem Eintritt der Ereignisse fertiggestellt werden können und politische Handlungsempfehlungen zu Prävention aber auch zur Lösung bestehender Probleme abgegeben werden können. Diese Aufgabe wird derzeit erfolgsversprechend mit dem Syndromkonzept zu lösen versucht" (Gerstengarbe, 2001: 31f.).

In dieser Arbeit wird dabei das sogenannte Syndromkonzept als Orientierungshilfe und Methode genutzt, um das relevante Problem, in diesem Fall eine nicht nachhaltige Entwicklung im Raum des Hamburger Hafens, zu identifizieren. Der Hamburger Hafen zeigt eindeutig die Koppelung des Sozial- und Umweltproblems. Doch nun ist die Frage, welche Wechselbeziehungen sich hieraus ergeben können und welche Leitfrage sich daraus erschließen kann, die nicht nur den regionalen und lokalen Aspekt einbringt, sondern global anwendbar ist. Zudem soll der Frage nachgegangen werden, ob der Hamburger Hafen als Raum identifiziert werden kann, der von höchst relevanten und nicht nachhaltigen Entwicklungen betroffen ist. Dabei wird im ersten Teil der vorliegenden Arbeit (Kapitel 1 bis 5) von der Studentin J. S., über das Syndromkonzept im Allgemeinen und die eigenen Herangehensweisen beschrieben. Gefolgt von der Verwendung in der Geographie und in der Schule. Den Übergang zur Globalisierung und dessen Auswirkung auf den Hamburger Hafen folgt im zweiten Teil (Kapitel 6 bis 11), erarbeitet durch den Studenten Robin Broksch. Hierbei liegt der Fokus auf der Containerisierung im Raum des Hamburger Hafens.

2 Mehrperspektivische Raumanalyse

Um das Syndromkonzept und seine Bedeutung für den Geographieunterricht zu verstehen, sollte zunächst kurz auf die Leitprinzipien der mehrperspektivischen Raumanalyse eingegangen werden. Bei der mehrperspektivischen Raumanalyse steht ein klar abgegrenzter Raum im Fokus, welcher anhand von einer Leitfrage und mit Hilfe der vier verschiedenen Perspektiven der Raumkonzepte analysiert wird. Doch es ist schwierig und bleibt oftmals offen, wie Schülerinnen und Schüler den Zusammenhang des Erlernten und ihre neu gewonnenen Erkenntnisse vernetzen können und so der Anspruch der geforderten Systemorientierung berücksichtigt werden kann. Der Schritt mit der mehrperspektivischen Raumanalyse stößt den Weg des deduktiven Einstiegs des Geographieunterrichts ab und ermöglicht eine induktive Herangehensweise. Es werden hierbei die Materialien und Arbeitsaufträge, in Hinblick auf die vier Raumkonzepte gestaltet, doch werden diese nicht vor der Analyse explizit thematisiert, sondern die Erarbeitung erfolgt am Ende. Um dies zu ermöglichen, muss die Raumanalyse acht Prinzipien gerecht werden, damit sie als mehrperspektivisch und je nach Lerngruppe und Intention auch als systemorientiert bezeichnet werden kann. Dabei liegt für das Systemkonzept der Fokus auf der Systemorientierung. Die acht Leitprinzipien sind:

(1) Problemorientierung,

(2) Berücksichtigung idiographischer Gegebenheiten,

(3) Selbstgesteuertes Arbeiten (bzw. Analysieren),

(4) Systemorientierung (s. Kap. 2.1);

(5) (räumliche) Mehrperspektivität,

(6) Wissenschaftsorientierung bzw. -propädeutik,

(7) Ergebnistransfer und

(8) Schulung der Urteils- und Handlungskompetenz (vgl. Bette, 2014: 22ff.).

2.1. Systemorientierung

Das Prinzip der Systemorientierung ist relevant für das Syndromkonzept. Daher soll kurz erläutert werden, was bei diesem Prinzip präsent ist. Laut der Deutschen Gesellschaft für Geographie (DGfG) ist das Systemkonzept das Hauptbasiskonzept des Fachs Geographie, weil sich die Geographie als Systemwissenschaft verstehen lässt und betont somit die Systemorientierung. Die Systemkomponenten, siehe Abbildung 1 (im Anhang, S. 24), werden unter Struktur, Funktion und Prozess als Basisteilkonzepte dem Hauptkonzept zugeordnet und verbinden die gesamten Geofaktoren und deren einzelnen Systeme die sich durch die ständig ablaufenden Prozesse ändern (vgl. DGfG, 2017: 10f.). Wie schon erwähnt, erfolgt eine Raumanalyse systemorientiert, wobei einzelne relevante Systemelemente erfasst, ihre (Ursache-Wirkungs-) Relationen identifiziert und charakterisiert werden, um am Ende das Gesamtsystem zu konstruieren. Dies nennt man eine kausalanalytische Diagnose des Problems. Grafische Darstellungsformen, wie zum Beispiel ein Wirkungsgefüge, kommen bei diesem Prinzip sehr gelegen. Auf dieser Basis des modellierten Systems können dann die Lernenden die Folgewirkungen raumrelevanter Handlungen abschätzen, beurteilen, verknüpfen und bewerten. Dabei ist das Syndromkonzept eine didaktisch-methodische Grundfigur für das Wirkungsgefüge bei einer Raumanalyse, welche erlaubt, eine schulische Sicht auf die Analyse im Kontext der Mensch-Umwelt Forschung zu ermöglichen (vgl. Bette, 2014: 23f.).

2.2. Die drei Entscheidungsfelder

Ein gelungener induktiver Einstieg in eine Raumanalyse entsteht durch eine „gute" Planung. Dabei sind drei didaktische Entscheidungsfelder notwendig. Der erste Schritt erfolgt bei der

Auswahl des Untersuchungsraumes, d.h. bei der Auswahl von Raum und Leitfrage, ggf. mit Hilfe des Syndromansatzes. Dabei wird das relevante Problem, also eine nicht nachhaltige Entwicklung, materiell manifestiert, wobei die ausgewählte Region anhand politischer Grenzen zuzuschneiden ist. Durch die Auswahl des Raumes resultiert eine geeignete Leitfrage, die nach den Ursachen und/ oder Folgen eines Phänomens fragt. Beim zweiten Schritt ist die Konzeption des Unterrichtsmaterials mittels der vier Raumkonzepte zu erschließen. Dabei ist die wichtigste Orientierungshilfe ein regions- und problemspezifisches Wirkungsgefüge, um im Unterricht die Strukturen und Kausalitäten eines Raumes klar hervortreten zu lassen. Ein solches Gefüge sollte theoretisch fundiert sein, das Problem adäquat erfassen und idealerweise relevante Akteure berücksichtigen, wodurch dann ein systemorientierter Erklärungsansatz erfolgt bzw. geboten wird. Als letzten Schritt, und um dem Ziel der mehrperspektivischen und systemorientierten Raumanalyse entgegen zu kommen, ist die Auswahl der Unterrichtsmethoden und -struktur relevant. Das Ziel ist es, ausgehend von einem räumlichen Phänomen, eine problemerschließende Leitfrage, Hypothesen, Erschließungsfragen sowie Ideen zur Untersuchungsplanung zu entwickeln. Wichtig ist es, dass bei den Schülern ein Bewusstsein geschaffen wird, dass die Beantwortung einer Leitfrage komplex ist und soziale sowie naturräumliche Aspekte beinhaltet, die miteinander verknüpft sind. Aus diesem Grund muss die Analyse systemorientiert erfolgen, weswegen auch die Wechselwirkungen zwischen den Geofaktoren, ebenso die Sichtweisen und Handlungen relevanter Akteure zu analysieren sind (vgl. ebd.).

3 WBGU und die Kernprobleme des GW

Der Wissenschaftliche Beirat der Bundesregierung Globale Umweltveränderung (WBGU) und das Potsdamer Institut für Klimafolgenforschung (PIK) haben in Mitte der 1990er Jahre einen Ansatz entwickelt, der auf der einen Seite genau an der Schnittstelle zwischen Analyse und Therapie ansetzt und auf der anderen Seite die schwierige Aufgabe des vernetzenden Wissenstransfers übernimmt (Schindler, 2005: 12). Die Grundzüge des WBGU sagen aus, dass die Forschung zum globalen Wandel (abgekürzt im weiteren Verlauf durch GW) mit der Diagnose, Prognose und Bewertung der globalen Trends, der Vermeidung negativer Entwicklungen, auch Prävention genannt, der sog. „Reparatur" bereits eingetretener Schäden (Sanierung) sowie der Anpassung an Unvermeidliches, die Adaption, befassen muss. Um dies zu ermöglichen, müssen die bestimmenden Wechselwirkungen zwischen diesen Trend erfasst, beschrieben und erklärt werden, weshalb die oben genannten drei Entscheidungsfelder eine große Rolle bei der Analyse spielen (ebd.: 47). Dabei entschied sich der WBGU mit dem sogenannten Syndromkonzept für eine *„empirisch-phänomenologische Systemanalyse auf der Basis kombinierten Expertenwissens und Intuition bei heterogener bzw. schwacher Information" (ebd. 49).* Laut des WBGU ist der GW als Gesamtheit der globalen Veränderungen der Umwelt zu definieren, die vor allem den Charakter des Systems Erde zum Teil endgültig modifizieren und folge dessen, direkt oder indirekt, die natürlichen Lebensgrundlagen für einen Großteil der Menschheit spürbar beeinflussen. Es wird zwischen anthropogenen und natürlichen Ursachen der globalen Veränderung unterschieden, wobei der WBGU sich nur auf die anthropogenen globalen Umweltveränderungen konzentriert, da diese oft ein hohes Tempo aufweisen (vgl. Bäßler, 2006: 9). Die Kernprobleme, die der WBGU zusammengefasst hat, sind:

(1) der anthropogen verstärkte Treibhauseffekt,

(2) die anthropogen verursachte Bodendegradation,

(3) die anthropogen verursachte Süßwasserverknappung,

(4) der anthropogen verursachte Biodiversitätsverlust,

(5) die Zunahme von klimatischen Naturkatastrophen,

(6) die Bevölkerungsentwicklung,

(7) die Übernutzung und Verschmutzung der Weltmeere,

(8) die Gefährdung der Welternährung und Weltgesundheit und

(9) die globalen Entwicklungsdisparitäten (Schindler, 2005: 47f.).

3.1. Das Syndromkonzept

Unter dem Begriff des „Syndroms" werden die Sozial- und Umweltprobleme verstanden, die gekoppelt auftreten. Diese Probleme oder Phänomene lassen typische, nicht nachhaltige Muster im Mensch-Umwelt-System entstehen. Dieses Muster beschreibt das Syndromkonzept mit seinen internen Wechselbeziehungen. Das Syndromkonzept lässt sich in der Geographie gut nutzen, *„um Räume, die von höchst relevanten, nichtnachhaltigen Entwicklungen betroffen sind, mit Hilfe geeigneter Karten [...] zu identifizieren* (Bette, 2014: 25). Der WBGU und das PIK haben eine Grundthese formuliert: *„Der Globale Wandel lässt sich in seiner Dynamik auf eine überschaubare Zahl von Kausalmustern in den Mensch-Umwelt Beziehungen zurückführen. Die nicht-nachhaltigen Verläufe dieser dynamischen Muster werden im Folgenden als Syndrome des Globalen Wandels bezeichnet"* (Gerstengarbe, 2001: 35). Von dieser Grundthese aus soll ein verständlicher Zugang zu den Kernproblemen des globalen Wandelns erfolgen. Dabei bedient sich das Konzept an verschiedenen Elementen. Diese Grundelemente stammen aus der medizinischen Diagnose und die dynamischen Muster ähneln „Krankheitsbildern". Diese „ärztliche" Routine ist eine der entscheidenden Besonderheiten dieses Konzepts (vgl. ebd.: 35ff.).

Zusammengefasst sind die Ziele des Syndromkonzepts *„einen systemaren, funktional orientierten Überblick der Prozesse des GW auf verschiedenen räumlichen und zeitliche Skalen"* (Gerstengarbe, 2001: 35) zu ermöglichen. Ebenso *„das Aufzeigen nicht-nachhaltiger*

*Verläufe von Entwicklungsmuster um somit die Leitplanken für eine „Nachhaltige Entwicklung"
bestimmen zu können"* (ebd.) und *„zur Operationalisierung des Nachhaltigkeitskonzepts
beizutragen"* (ebd.). Als letztes *„die Identifikation der Zerlegung des GW in funktionale Muster
welche die beste Entkopplung zwischen den beteiligten Einzelmustern liefert"* (ebd.).
Zusammengefasst kann gesagt werden, dass das Konzept dazu beitragen soll, die komplexen
Vernetzungen innerhalb einer Forschung zum GW zu entschlüsseln und die
Anschlussfähigkeit der wissenschaftlichen Ergebnisse gewährleisten. Ebenso soll es eine
Hilfestellung für die Entwicklung vernetzter Problemlösungsstrategien geben (vgl. ebd.).

3.2. Die Grundelemente des Syndromkonzepts

Um das Syndromkonzept anwenden zu können spielen drei Faktoren eine große Rolle: die
Symptome des GW, die Wechselwirkungen zwischen den Symptomen und die Syndrome.
Diese lassen sich als die drei Grundelemente des Syndromkonzepts definieren (vgl. Schindler,
2005: 51). Der Umgang und das Verständnis dieser drei Grundbegriffe sind ausschlaggebend
für die Funktion des Syndromkonzepts (vgl. Bräßler, 2006: 13). In der Tabelle 1 im Anhang (s.
S. 27) werden die Definitionen der Grundbegriffe von Cassel-Gintz detaillierter
zusammengefasst (Gerstengarbe, 2001: 37f.).

3.2.1 Symptome des Globalen Wandels

Zu aller Erst werden die sog. Symptome erläutert, diese sind die *„Grundelemente der
systemanalytischen Beschreibung der Dynamik des Globalen Wandelns im Rahmen des
Syndromkonzepts"* (ebd.). Zu beachten ist, dass die genutzten Symptomnamen im
allgemeinen Veränderungen beschreiben, d.h. sie dienen eher dem Zweck einer Überschrift
für einen Trend, weswegen man auch sagen kann, dass sie umgangssprachlich definiert sind.
Ebenso sind sie durch bestimmte Indikatoren messbar (vgl. Kanwischer, 2011: 21). *„Diese
Indikatoren können sowohl physikalische, chemische oder biologische Beobachtungsgrößen
als auch Größen sein, die sich im Rahmen sozialwissenschaftlicher Umfragen ergeben"* (PIK,
2001: 38). Die Syndrome beschreiben komplexe Prozesse, ohne die internen Vorgänge
detailliert aufzulösen (vgl. ebd.) Insgesamt sind bisher ca. 80 Symptome von der WBGU
identifiziert wurden und deren gegenseitige Wechselwirkungen, welche sich in bestimmten
Bereichen bzw. Sphären zuordnen lassen. Im Anhang befindet sich die Tabelle 2 (s. S. 28) in
der die einzelnen Symptomen aufgeführt wurden. Diese sind schon in den einzelnen neun
Sphären eingeordnet (vgl. Kanwischer, 2011: 21). Es werden im Normalfall immer mehrere
Symptome gleichzeitig betrachtet, die dann eine sog. *„transdisziplinäre Zusammenschau der
wichtigsten Entwicklungen im Rahmen des [GW] darstellen"* (Bräßler, 2006: 12).

3.2.2 Wechselwirkungen zwischen Symptomen

Ein weiterer Faktor für die Anwendung des Syndromkonzepts sind die Wechselwirkungen zwischen den Symptomen, die auch als sog. Verknüpfungselemente dienen. Sie haben ein monokausales Verhältnis der Art *„Je mehr x, desto mehr y"* (Kanwischer, 2011: 22). Dabei versuchen diese Wechselbeziehungen die Kausalbeziehungen, zwischen den einzelnen Symptompaaren oder aber auch zwischen mehreren Symptomen, zu verdeutlichen (vgl. Schindler, 2005: 52).

3.2.3 Syndrome

Nach dem medizinischen Sprachgebrauch versteht man unter einem Syndrom ein *„Krankheitsbild, das sich aus dem Zusammentreffen verschiedener, für sich allein nicht charakteristischer Symptome ergibt"* (Kanwischer, 2011: 26). In der Geographie werden die Syndrome für nicht nachhaltige Entwicklungsmuster in der Mensch-Umwelt-Interaktion verstanden, die nur über die Wechselwirkungen der einzelnen oben genannten Elemente erklärt werden können (vgl. Schindler, 2005: 52). Sie stellen also charakteristische Konstellationen von Symptomen da, ebenso wie ihren Interaktionen, die sich in vielen Regionen dieser Welt identifizieren lassen (vgl. Kanwischer, 2011: 27). *„Jedes einzelne Syndrom ist das Resultat von charakteristischen Interaktionen verschiedener Symptome. [...] Ein Syndrom ist somit ein typisches Muster der Nicht-Nachhaltigkeit, das verschiedene Kernprobleme des [GW] in sich vereinigt"* (Böhn, 2013: 264). Die erste Einordnung der Syndrome erfolgt in drei große Gruppen, die sogenannten Syndromgruppen:

1.) Syndromgruppe **„Nutzung"** – Syndrome als Folge unangepasster Nutzung von Naturressourcen als Produktionsfaktor.

2.) Syndromgruppe **„Entwicklung"** – Mensch-Umwelt-Probleme, die sich im Zusammenhang mit nicht nachhaltigen Entwicklungsprozessen ergeben.

3.) Syndromgruppe **„Senken"** – Umweltdegradation durch nicht angepasste zivilisatorische Entsorgungsanforderungen.

Der WBGU hat bisher 16 Syndrome formuliert, welche jeweils in einer Kurzcharakterisierung ihres Mechanismus definiert wurden, diese sind im Anhang, in der Tabelle 3 (s. S. 29) dargestellt (vgl. PIK, 2001: 43). Doch ist es auch, wie bei den Symptomen, mit der Klassifizierung keine finale Einordnung, sondern sie dienen als *„gut überprüfte Hypothesen"* *(ebd.: 44).* Zusammenfassend wird durch das entstandene Beziehungsgeflecht, welches aus Symptomen, den Wechselbeziehungen und die daraus resultierenden Syndrome entsteht, deutlich, dass erst die entschlüsselten Wechselwirkungen zwischen den einzelnen Symptomen einen Aufschluss über das Syndrom geben. Somit sind diese Elemente die entscheidenden Faktoren zur Erschließung der Wirkungsmechanismen in einem Syndrom und erst nach dieser Analyse können die problematischen Mensch-Natur- Interaktionen des globalen Wandels entschlüsselt und verstanden werden (vgl. ebd.: 50).

4 Der Syndromanalyse-Ansatz (praktische Anwendung)

Die praktische Anwendung des Syndromkonzepts wird als Syndromanalyse bezeichnet, jedoch können beide Begriffe synonym verwendet werden. Der Ansatz wird als ein lösungs-, anwendungs- und interdisziplinär orientierter Forschungsansatz verstanden, mit dem Fokus, dass der GW nur verstanden werden kann, wenn die Erde als ein System begriffen wird und die Wechselwirkungen zwischen den einzelnen Teilsystemen analysiert werden (s. Kap. 2.1).

Das Ziel des Ansatzes ist es, neben der Beschreibung und Identifizierung der „Krankheitsbilder", diese auch zu heilen bzw. zu lindern *(Böhn, 2013: 263)*. Dabei werden die Aufgaben der Syndromanalyse in grundsätzlich drei Abschnitte unterteilt. Die erste Aufgabe beginnt mit dem Erstellen eines Beziehungsgeflechts, wobei mit Hilfe von Expertenwissen, Fallstudienanalysen sowie Hypothesen die Kausalmuster der Syndrome formuliert werden. Dabei wird mit einer verbalen Beschreibung begonnen, die sich dann in die *„semi-formale Umsetzung" (PIK, 2001: 47)* vertieft und so ein syndromspezifisches Beziehungsgeflecht erfolgt, mit den wichtigsten Symptomen und deren Wechselwirkungen für das Syndrom. Bei dem zweiten Schritt kommt es zur Diagnose. In diesem Bereich erfolgt, basierend auf einer GIS-gestützten Datenanalyse, die geographische Beschreibung und Lokalisierung des Syndrommechanismus. Fokus liegt hier vor allem auf die Untersuchung für die Bestimmung der Anfälligkeit einer Region für ein Syndrom. Ebenso werden mögliche syndromauslösende Faktoren und die Bestimmung der Intensität von Syndromen erforscht. Der dritte Abschnitt beschäftigt sich mit der Prognose. Diese wird mit Hilfe einer qualitativen Modellierung gemessen und beschreibt die Dynamik des globalen Wandels, auf der Basis von den Symptomen.Es zeigt sich damit deutlich, dass der Syndromansatz neben der Systematisierung des GW nach Hauptmustern der Umweltdegradation, auch die Möglichkeit liefert, die Interaktionen, die zwischen diesen Mustern bestehen, systematisch formalisiert anzugehen (vgl. PIK, 2001: 53). *„Ausgangspunkt bei einer Unterrichtsplanung, die mittels des Sydnromansatzes arbeitet, ist daher die (nichtnachhaltige) Landnutzung" (Bette, 2014: 25)*.

4.1. Die Syndromanalyse am Beispiel des Hamburger Hafen

In diesem Kapitel geht es um das Erstellen eines Wirkungsgefüge, im Hinblick auf die Krisen des globalen Wandelns im Bereich des Raumes Hamburger Hafen. Es sollte als erstes nach der Notwendigkeit eines Syndromkonzepts in diesem Raum hinterfragt werden. Dabei stellt sich die Frage, welche Probleme bzw. Phänomene dazu führen, dass eine nicht nachhaltige Entwicklung im Hamburger Hafen stattfindet? Welche Akteure spielen dabei eine Rolle und welche Eingriffe aus der Natur- und Anthroposphäre?

Nun geht es darum, jeder Sphäre ihre relevanten Symptome zuzuordnen und nicht zu vergessen, dass sie in verschiedenen Regionen der Erde angewandt werden können. Denn es ist wichtig für das Syndromkonzept, dass die gleichen Symptome auftreten und sich ihre Wechselwirkungen, Rückkopplungen und Teufelskreise zu den gleichen Folgewirkungen entwickeln. Ebenso relevant ist es, die Kernprobleme des GW am Beispiel des Hamburger Hafens herauszufiltern (vgl. Bräßler, 2006: 49). Dabei sind eines der Kernprobleme die globalen Entwicklungsdisparitäten und ebenso die Bevölkerungsentwicklung. Hinzu kommt das Problem des globalen Klimawandels (s. Kapitel 3). Als nächstes wurde untersucht, welche der 16 Syndrome, aus der Liste in Abbildung 2, die gleichen Kernprobleme bzw. Symptome aufweisen, wie im Hafenbereich Hamburg. Dabei ist die Beschreibung des Aralsee-Syndroms erwähnenswert, die wie folgt lautet: *„[...], dass die Umweltschädigung durch zielgerichtete Naturraumgestaltung im Rahmen von Großprojekten auffasst" (Tabelle 3, im Anhang, S. 29).* In dem Hafenraum Hamburg ist es das Großprojekt „Elbvertiefung" (vgl. Aßmann/Müller, 2018: 3ff). Dementsprechend wird versucht die Wechselwirkungen, innerhalb der Natur- und Anthroposphären, in einem grafischen Beziehungsgeflecht darzustellen. Dabei ist zunächst ein Fehler unterlaufen, nämlich, dass der Fokus auf die Elbvertiefung gesetzt wurde, anstatt die globalen Aspekte in Beziehung zu setzen. Von Beginn an wurde mit dem Problem der Elbvertiefung gearbeitet, anstatt einzeln die Symptome den jeweiligen Sphären einzuordnen. So entstand als erstes das Wirkungsgefüge welches in der Abb. 2 „Beziehungsgeflecht vorher" (s. Anhang, S. 25) gezeigt wird. Ebenso wurde nicht in Betracht gezogen, dass gerade die Verbindung zwischen den Natur- und Anthroposphären die ausschlaggebenden Zusammenhänge sind. *„Denn wenn der Mensch nicht in die natürlichen Prozesse eingreifen würde, würde die Natur nicht mit solch gravierenden Problemen zu kämpfen haben. Daher entstehen globale Krankheiten nur durch das Handeln der Menschen" (Bräßler, 2006: 58).* Damit wird auch einer der wichtigsten Aspekte angesprochen, nämlich die vorhandenen Akteure, die bei der ersten Syndromanalyse nicht bedacht wurden. Aufgrund dessen ist diese Verbindung der Symptome einzelner Sphären relevant. Und so musste das Wirkungsgefüge erweitert werden, z.B. geht es um den „Wettbewerbsgedanken", der global ausgetragen wird und die globalen Märkte fordern soll. Um diese Ziele der Ertragssteigerung zu erreichen, werden entsprechend die Organisationen, wie die HHLA, unter anderem digitalisiert und gefördert. Es werden alle Zusammenhänge, die neu hinzugefügt wurden, in der Abb. 3 „Beziehungsgeflecht nachher" (s. Anhang, S. 26) gezeigt. Zuerst wird diese Wechselbeziehung neutral betrachtet und dann in übergeordnete oder untergeordnete Zusammenhänge klassifiziert, die entweder einen positiven oder negativen (häufiger vorkommend) Einfluss haben. Am Ende sollte ein Fazit geschlossen werden, welches eine Leitfrage oder Hypothese beinhaltet. Wie diese in der vorliegenden Arbeit aussieht, folgt in

Kapitel 6. Letztendlich macht diese Vorgehensweise deutlich, dass keine Annäherung wirklich falsch ist, sondern versucht werden sollte, sich auf der globalen Ebene zu befinden, anstatt sich auf der regionalen oder lokalen Ebene festzusetzen. Dieses „Weiterdenken" ist in vielerlei Hinsicht schwierig, besonders bei Schülern, aber auch bei Studenten und erfordert daher die Übung und Konfrontation mit diesem Syndromkonzept.

5 Verwendung des Syndromkonzepts

Die Anwendung und Verwendung des Syndromkonzepts in der Geographie ist von besonderer Bedeutung, denn davor erschwerten oft die regionalen Besonderheiten kultureller, sozialer oder auch naturräumlicher Art, die regional vergleichende Untersuchung. Dies wird durch die aggregierte, funktionale Herangehensweise der Syndromanalyse versucht zu verbessern. Dabei spielt die Einbeziehung qualitativer Elemente eine wichtige Rolle. Zu bedenken gibt es, dass die Resultate dieser Analysen oft von einem eher qualitativen Charakter sind, jedoch geben sie wichtige Erkenntnisse weiter und sind so oft „wahrer oder ehrlicher" als die vorherigen Berechnungen abstrakter Zahlenwerte. Ohne das Wissen der vorhanden qualitativen Informationen über Änderungen und Zeitverläufe wichtiger Parameter, bleiben die Analysen unvollständig. Ebenso machen die Eingängigkeit und Bildhaftigkeit das Konzept zu einem geeigneten Instrument, welches die Prozesse des GW illustrativ auch an Nicht-Experten zu vermitteln ermöglicht. Diese Eigenschaften stellen das Syndromkonzept auch zu einem interessanten Analysewerkzeug für die Geographie dar (vgl. PIK, 2001: 34).

5.1. Für die Geographie im Allgemeinen

Das Syndromkonzept ist im Gegensatz zu den anderen Ansätzen an die heutigen Methoden und Erkenntnisse angepasst. Es setzt seinen Schwerpunkt in der funktionalen Betrachtung der problematischen Entwicklung, über einzelne sektorale und disziplinäre Grenzen, hinweg und dies ermöglicht die konzentrierte vergleichende Betrachtung von Systemen der Mensch-Umwelt-Interaktion, in verschiedenen Regionen. Die verwendeten Kausalzusammenhänge sind durch ihre komplexere Netzstruktur besser für die kausalanalytische Diagnose (vgl. PIK, 2001: 34). Die WBGU hat den Fokus bei dem Forschungsziel darauf gesetzt, die Entschlüsselung und Vermittlung der Prozesse des globalen Wandels mit den Zielstellungen der Geographie gleichzusetzen, denn die Geographie ist als komplexitätsvermittelnde Erdwissenschaft und Brückenfach gekennzeichnet. Aus diesem Grund, stellt das Konzept für die Geographie ein ideales Instrument dar, welches versucht die Brücke zwischen der Forschung und dem Komplexitätsanspruch der Lehre gerecht zu werden. Dabei können die Eingängigkeit und Verständlichkeit die Synthese geographischer Forschung und Lehre unterstützen, wodurch die Geographie ihrem Anspruch als vermittelnde Instanz gerecht werden würde (vgl. Schindler, 2005: 80).

Zusammengefasst ermöglicht das Syndromkonzept drei Möglichkeiten: Zum einen wird eine vernetzende geographische Forschung ermöglicht, die dem Anspruch gerecht wird, komplexe Wirkungszusammenhänge zu entschlüsseln und darauf aufbauend nachhaltige Lösungsstrategien zu entwickeln. Des Weiteren werden an die Entscheidungsträger die bemerkbare und verständliche Vermittlung der global vernetzen Problemstrukturen erlaubt. Als letztes geht die Brücke hinüber zu der Verwendung in der Schule für den Geographieunterricht. Hierbei werden die geographiedidaktischen Ansprüche einer komplexen Welterschließung durch den Ansatz umgesetzt (vgl. ebd.)

5.2. Für den Geographieunterricht

Dorothee Harenberg (2001) hat im Rahmen des „Programm 21 – Bildung für eine nachhaltige Entwicklung" zehn Gründe benannt, weshalb das Syndromkonzept in den Unterricht zu integrieren sei.

1. Verdeutlichung globaler Zusammenhänge
2. Umgang mit Komplexität und Strukturierung
3. Transsektoralität und transdisziplinäre Methode
4. Definition der fachlichen Qualität
5. Verdeutlichung von Dynamik, Geschichtlichkeit und Zukunftsbezug
6. Betroffenheit und Verantwortung von Individuen, Gesellschaft und Politik
7. Betonung der Reflexivität und Handlungsrelevanz
8. Beitrag zur Wissenschaftspropädeutik: Umgang mit Wissen und Nichtwissen
9. Problemorientierung und Lösungskompetenz
10. Gestaltungskompetenz

Hierbei ist auch zu beachten, dass diese zehn genannten Gründe auch mit den Zielstellungen und Fachdefinitionen der Geographie Lehrpläne übereinstimmen und die acht Leitprinzipien der mehrperspektivischen Raumanalyse berücksichtigen. Harenberg erwähnt, dass das Konzept viele verschiedene Möglichkeiten einer fachdidaktischen Verwendung bietet. Das Syndromkonzept dient einerseits als Unterrichtsgegenstand aber andererseits kann es auch bei der Unterrichtsplanung helfen, ebenso wie bei der Auswahl der Fachinhalte. Hier wird wieder Bezug auf die drei Entscheidungsfelder (s. Kap. 2) genommen. Die Ursachen für Probleme können nicht nur durch Analysen einiger Teilbereiche erforscht, sondern erst über die Entschlüsselung lokaler und globaler interdisziplinärer Zusammenhänge sichtbar gemacht werden. Mit dem vernetzten Denken werden so Zusammenhänge erkannt und nachhaltige Lösungsmöglichkeiten entwickelt. Die Vermittlung und Bewusstwerdung des Vernetzungsprinzip, dank des Einsatzes des Wechselwirkungsgefüge im Unterricht, wird ein entscheidender Einfluss auf die Umsetzung des vernetzten Denkens genommen, es dient also als Werkzeug um vor allem problematische Mensch-Umwelt-Interaktionen aufzudecken (vgl. Schindler 2005: 81ff.). Das Verstehen geht nun in die Abstraktionsebene, d.h. *„[...] der Denkansatz [besteht] in der Abkehr von einem einfach Ursache-Wirkungs-Denken und linear-kausalen Lösungsstrategien hin zu einem Denken, das nicht nur die Rückwirkungen auf die Ursache erkennt, sondern auch die indirekten Wirkungen, d.h. die Folgen der Folgen, und somit die komplexen Zusammenhänge zwischen Teilsystemen erfasst sowie Selbstverstärkungseffekte berücksichtigt"* (Böhn, 2014: 264).

Wenn also die zukünftigen Lehrpersonen nach so einer Matrix arbeiten, also nicht relativ, sondern mit Bausteinen aus der Wissenschaft, dann öffnet sich im Unterricht die Möglichkeit, die Vielfalt von Einflussfaktoren zu erfassen, die Wechselwirkungen von natürlichen und anthropogenen Phänomenen sowie aus der Interaktion zwischen Mensch-Umwelt zu erfassen und sichtbar zu machen. Durch diese Anwendung können die genannten Leitprinzipien erfüllt werden und man schafft es, dass die SuS über das Fach hinaus denken und die kausalen Zusammenhänge, rückgekoppelten Systeme sowie Teufelskreise in den entdeckten Mustern weltweit anwenden und vergleichen können (vgl. Schindler, 2005: 84ff.).

6 Der Syndromansatz am Beispiel Hafen Hamburg – eine Anwendung

Ein Mausklick genügt und das gewünschte Produkt ist auf dem Weg zu dir nachhause und der Warentransport ist in Gang gesetzt. Nur welchen „Preis" müssen wir dafür tatsächlich zahlen und in Kauf nehmen?

War früher der Markt in der Innenstadt Umschlagplatz für Waren, so sind es heute die Containerhäfen. Die Globalisierung und das damit verbundene Wachstum des Welthandels begünstigt die Weiterentwicklung der Containerschifffahrt bis hin zu den XXL-Containerschiffen der heutigen Zeit, sowie der Zukunft (VGL. TÄGLICHER HAFENBERICHT NR.52 2016). Die Menge an zu befördernden Container steigt und alle Beteiligten der Transportkette müssen sich dieser Entwicklung anpassen. Ein immer dichter werdendes Netz an Fahrtgebieten im Containerdienst ist die Folge der Globalisierung. Die Anzahl der zu bedienenden Seehäfen steigt, wodurch sich der Umschlag der Container folglich erhöht.
Die Entwicklung in der Containerschifffahrt, in Bezug auf das stetig wachsende Transportaufkommen, bringt die Länder weltweit dazu ihre Seehäfen auszubauen, an die neuen Gegebenheiten anzupassen, sowie neue Seehäfen zu schaffen. Diese Maßnahme ermöglicht es, die steigenden Gütermengen abzufangen. Die ökologischen und sozialen Dimensionen bleiben bei den wirtschaftlichen Entwicklungen, im Prozess der Globalisierung bzw. der daraus resultierenden Containerisierung, oftmals auf der Strecke. Große Häfen, wie

der Hambuger Hafen, sind komplexe Ökosysteme, deren Zukunftsfähigkeit für die Menschen regional aber auch global von großer Bedeutung sind (VGL. KUMMER, ET. AL. 2009).

In den folgenden Kapiteln wird die Containerisierung des Hamburger Hafens beleuchtet und analysiert, welchen Herausforderungen sich der Hamburger Hafen stellen muss, um im globalen Wettbewerb zu bestehen. Des Weiteren wird mit Hilfe des Syndromansatzes untersucht, welche nicht nachhaltigen Probleme dadurch regional entstehen.

Nachhaltigkeit

Künftige Generationen sollen auf der ganzen Welt gut leben können. Diesem Wunschziel einer nachhaltigen Entwicklung steht, der größtenteils vom Menschen verursachte globale Wandel (siehe Kapitel 3.2.1) gegenüber, der verschiedene Symptome aufweist. Nachhaltigkeit stützt sich auf drei Dimensionen, die wechselseitig miteinander in Beziehung stehen. Die ökologische Dimension (Bewahrung der Umwelt), die soziale Dimension (Stärkung des sozialen Zusammenhalts) und die ökonomische Dimension (Befriedigung materieller Bedürfnisse). Um diese Nachhaltigkeit auch tatsächlich erreichen zu können, können verschiedene Herangehensweisen in Betracht gezogen werden. Eine Möglichkeit ist es, eine geradlinige anthropogene Steuerung anzustreben, die dazu führt, dass ein positives Leitbild entsteht. Zum anderen können nicht akzeptable Systemzustände im Erdsystem identifiziert werden, die es zu vermeiden gilt. Dabei gilt es, einen Spielraum mit verschiedenen Lösungsmöglichkeiten zu erschaffen um das Ziel der Nachhaltigkeit langfristig zu erreichen (CASSEL-GLITZ & HARRENBERG 2002). Dieser Korridor trennt somit den erlaubten Handlungsraum vom Bereich der „Nicht-Nachhaltigkeit" ab (WBGU 1996).

7 Globalisierung und deren Auswirkung auf den Hamburger Hafen. Die Bedeutung des zunehmenden Welthandels auf die Schifffahrt.

Die Entwicklung der Warenströme der letzten Jahre, zeigt einen deutlichen Zusammenhang der stetig wachsenden Forderung der Verbraucher nach internationalen - und den weltweit wachsenden Gütern auf. Die Liberalisierung des Welthandels, die fortschreitende internationale Arbeitsteilung und der verbesserte Wohlstand der Gesellschaft, sind die Gründe dafür, dass der Warenaustausch in den letzten Jahren stark zugenommen hat. Insbesondere durch den sogenannten Internationalisierungsprozess, als Ergebnis der Globalisierung, nimmt die Nachfrage nach internationalen grenzüberschreitenden Transporten auch in Zukunft zu und fördert das wirtschaftliche Wachstum (VGL. IHK NORD E.V 2009). Im Zuge des genannten Globalisierungsprozesses besagt eine Faustregel, dass bei einem Prozent Wachstum der Produktion weltweit das Welthandelsvolumen um zwei Prozent ansteigt und der Containerverkehr wiederum um drei Prozent (VGL. ADEN 2008).

Die stetige Globalisierung lässt sich wirtschaftlich, technologisch und politisch erklären. Grenzenloser Warenfluss, technologische Weiterentwicklung sowie politische Einflussfaktoren sind hier zu nennen. Die transportierten Güter, welche über den Seeweg die Weltmeere passieren, haben sich in den letzten 50 Jahren vervierfacht. Diese enorme Steigerung des Welthandels kann als Folge der stetigen Nachfrage der Bevölkerung nach internationalen Waren und Dienstleistungen gesehen werden. Die Globalisierung treibt die Unternehmen der westlichen Welt dazu, die Produktion der Waren in Schwellenländer, vor allem in dem asiatischen Raum, zu verlagern, wodurch es zu einer Verschiebung der weltweiten Handelsströme kommt. Durch die Steigerung des Handelsvolumens der Schwellenländer vervielfacht sich das Frachtaufkommen nach Europa, welches über den Seeweg transportiert wird. Die Teilnahme der Industrieländer am Welthandel über See wird demzufolge weiter ansteigen. Laut *JÖRGL* werden aktuell neun von zehn Güter über den Seeweg die Kontinentgrenzen passieren, um zum Endempfänger zu gelangen. Hierfür stehen dem seewärtigen Welthandel über 20 Millionen Container zur Verfügung (VGL. JÖRGL 2013). Die Containerisierung verschiedenster Warengruppen hat die Folge, dass der Güterumschlag standardisiert und mechanisiert wird. Der steigende Containerverkehr gewinnt somit zunehmend an Bedeutung und etabliert sich über die Jahre hinweg mehr und mehr (VGL. KUMMER, ET. AL. 2009).

Einer der großen Gewinner der stetigen Entwicklung des Welthandels ist vor allem Deutschland als eine der führenden Import- und Exportnationen. Über die deutschen Seehäfen wird der nationale Außenhandel immer weiter vorangetrieben und wächst jährlich zunehmend. Der Anteil qualitativ hochwertiger Güter wie Maschinen, Fahrzeuge und Anlagen steigt immens, weshalb der zukünftige seewärtige Außenhandel profitieren wird.
Durch die Containerisierung dieser qualitativ hochwertigen Güter begünstigt der steigende seewärtige Außenhandel die Containerschifffahrt.
Ist von einem seewärtigen Außenhandel die Rede, betrachtet man die Umschlagsmenge nationaler Seehäfen unter Berücksichtigung des Abzuges von Transshipment und Transitaufkommen. Diesem Wert werden die aus ausländischen Häfen importierten sowie exportierten Umschlagsmengen zugeschrieben. Prognosen versprechen in den nächsten 12 Jahren einen Anstieg von 56% im seewärtigen Außenhandel. Dies würde ein Aufkommen von ca. 502 Millionen Tonnen bedeuten. Die deutsche Import- und Exportwirtschaft und das damit verbundene Wirtschaftswachstum sowie der Wohlstand Deutschlands hängen somit vom Wachstum des seewärtigen Außenhandels ab (VGL. MAKAIT 2015). Für die wirtschaftliche Entwicklung Deutschlands ist vor allem der Wirtschaftsbereich Transport und Logistik von großer Bedeutung.

Darüber hinaus wird sich auch weiterhin weltweit auf die Veränderungen in der Seeschifffahrt, im Hinblick auf den Welthandel, vorbereitet. Regionale Beispiele hierfür sind unter anderem Baumaßnahmen wie die Elbvertiefung, damit auch sogenannte „XXL-Containerschiffen" im Hamburger Hafen abgefertigt werden können.

8 Der Hamburger Hafen

Der Hamburger Hafen ist nicht nur für Deutschland, sondern auch für den kompletten Welthandel von großer Bedeutung. Er ist für den wirtschaftlichen Außenhandel Deutschlands sogar der wichtigste Faktor. Als größter Universalhafen Deutschlands, stellt er für die deutsche Wirtschaft und die umliegenden Länder und Kontinente, einen der wichtigsten Import- und Exporthäfen dar. Über den größten deutschen Hafen sind die Nachbarstaaten und größte Handelspartner wie Mittel- und Osteuropa, sowie das fernöstliche Asien verbunden. Ungewöhnlich an diesem Seehafen ist die Lage, da er ca. 130 Kilometer entfernt vom Meer liegt und nur durch die Elbe an die Nordsee angeschlossen ist (VGL. PREUß 2015).
Um die wichtige Bedeutung näher darzustellen folgen ein paar Fakten:
Mit einem Gesamtumschlagsvolumen von 145 Millionen Tonnen, davon 9 Millionen TEU (TEU= Twenty-foot Equivalent Unit, ein Maß für Kapazitäten von Containerschiffen und Hafenumschlagsmengen) in der Containerschifffahrt, steht der Hamburger Hafen, hinter Rotterdam und Antwerpen auf Platz drei der europäischen Häfen. Im weltweiten Vergleich belegt er den 15. Platz und gilt als einer der wichtigsten Häfen für den östlichen Welthandel. Im Containerverkehr schlägt der Hafen aktuell rund 10 Millionen TEU um (VGL. HAMBURGER HAFEN 2016).
Die infrastrukturell gute Lage des Hafens, mit Eisenbahn - sowie Binnenschiffanbindungen ins Inland und in Nachbarstaaten, vor allem Richtung Osten, macht den Hafen zu etwas Besonderem im Vergleich zu anderen Seehäfen. Trotz allem bleiben umfassende Modernisierungen, um eine Stagnation zu vermeiden, in Zukunft nicht aus.
Diese Herausforderungen werden im nächsten Kapitel genauer beleuchtet.

8.1 Die Herausforderungen des Hamburger Hafens

In diesem Kapitel werden die Herausforderungen zur Bewältigung der zukünftigen Containerschifffahrt (XXL-Containerschiffe) erläutert. Durch immer weiter steigende Transportmengen und der fortschreitenden Globalisierungsprozesse auf der Erde, werden weitere Investitionen in den Hamburger Hafen nötig sein, um im globalen Wettbewerb weiterhin zu bestehen. Mehrere Punkte sind für diesen Prozess erdenklich. Zum einen bietet der Hinterlandsverkehr einige Möglichkeiten, zum anderen sind Großprojekte wie die

Elbvertiefung ökonomisch sinnvolle Überlegungen. Ob diese Überlegungen aber auch eine nachhaltige Entwicklung nehmen (ökologisch: Bewahrung der Umwelt, siehe Kapitel 2) gilt es zu analysieren. Mittels des Syndromansatzes, welchen ich im folgendem auf den Hamburger Hafen anwenden werde, möchte ich die verschiedenen regionalen Kernprobleme, sprich die Symptome, identifizieren (s. Abbildung 1 (Broksch)). Die globalen Wechselwirkungen werden in der Ausarbeitung teilweise vernachlässigt, da es das Ausmaß der Arbeit sprengen würde.

9 Konzeption Syndromkonzept Hamburger Hafen

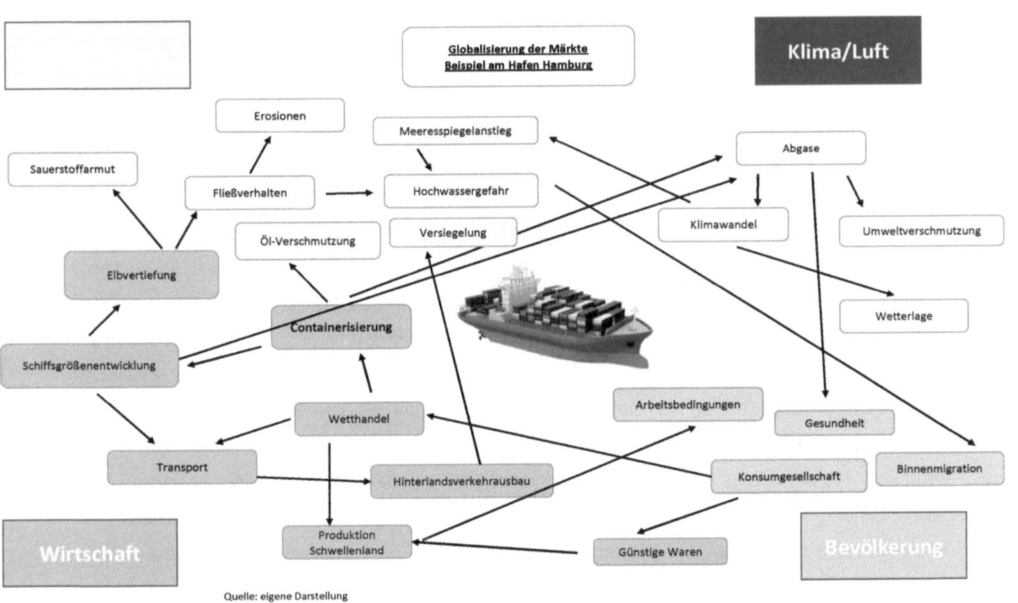

Quelle: eigene Darstellung

Abbildung 1 (Broksch): Syndromkonzept (eigener Entwurf)

9.1 Die Bedeutung des Verkehrsausbaus

Als Seehafen ist die Aufgabe des Hamburger Hafens, das hohe Transportaufkommen des Seetransportes so effizient wie möglich mit dem Hinterlandverkehr zu verbinden. Der Seehafen fungiert somit als eine Art Schnittstelle zwischen den beiden. Die eintreffenden Massentransporte mit Containerschiffen, müssen in sämtliche Einzeltransporte des Hinterlandverkehrs abgebildet werden. Als Hinterland eines Seehafens wird der Raum bezeichnet, der die Exportcontainer zur Verladung auf das Seeschiff bereitstellt und auch die Importcontainer von hoher See aufnimmt (VGL. HAMBURG PORT AUTHORITY 2012).

Als ein bedeutender Teil im Containerseeverkehr, muss sich der Hafen an die Entwicklung der wachsenden Schiffsgrößen anpassen. Ein effizienter Ausbau der Infrastruktur des Hafengebietes und der daran angebundenen Verkehrsnetze ist im Laufe der Zeit nicht mehr zu umgehen und sorgt für erhöhte Investitionen des Hafens (VGL. INSTITUT FÜR SEEVERKEHRSWIRTSCHAFT UND LOGISTIK 2014).

Die Straßeninfrastruktur ist, gegenüber der Infrastruktur des Schienen- und Binnenschiffsverkehrsnetz, im Hamburger Hafen weiter ausgebaut, was eine hohe Erreichbarkeit mittels des LKWs erklärt (VGL. KUMMER ET.AL. 2009). Im Nahverkehrsbereich des Hamburger Hafens spielt der LKW seine Vorteile gegenüber dem Eisenbahntransport aus. Viele Orte in unmittelbarer Nähe zum Hafen sind über den Schienen- oder Binnenschifftransport nicht zu erreichen und somit kommt allein der LKW zum Einsatz, um die Güter zu ihrem Zielort zu bringen. Somit kann man den LKW im Nahbereich als fast konkurrenzlos ansehen (VGL. HAMBURG PORT AUTHORITY 2016).

Aufgrund des steigenden Transportaufkommens im Zuge der Globalisierung steigen ebenfalls die Belastungen des Straßenverkehrsnetzes. Im nationalen aber auch internationalen Verkehr kommt es zu einer erhöhten Nutzung des LKWs auf Deutschlands Straßen, was wiederum den Aufwand zur Instandhaltung und Unterhaltung des Straßenverkehrsnetzes erhöht. Der hohen LKW Nutzung steht ebenfalls eine hohe Umweltbelastung gegenüber (VGL. KUMMER ET.AL. 2009). Zusätzlich würde der Boden durch den Ausbau von Straßenverkehrsflächen weiterhin versiegeln, was bedeutet, dass der Boden luft- und wasserdicht abgedeckt wird, wodurch Regenwasser schlechter versickern kann. Grundwasservorräte werden nicht aufgefüllt und der Boden kann bei starken Regenfällen nicht genügend Wasser speichern, um örtliche Überschwemmungen zu vermeiden. „Auch das Kleinklima wird negativ beeinflusst: Versiegelte Böden können kein Wasser verdunsten, weshalb sie im Sommer nicht zur Kühlung der Luft beitragen. Hinzu kommt, dass sie als Standort für Pflanzen ungeeignet sind, welche somit als Wasserverdunster und als Schattenspender ausfallen" (VGL. UMWELTBUNDESLAND). Der Hamburger Hafen verfügt mit dem bekannten, großzügigen Güter-Rangierbahnhof Maschen einen der größten Eisenbahnhafens Europas. Neben der Versorgung des inländischen Marktes per Güterzug, hat die Bedienung der ost- und südosteuropäischen Nachbarstaaten mit dem Schienenverkehrsnetz einen hohen Stellenwert. Vor allem der Bahnverkehr nach Polen und der Tschechischen Republik wird von den beiden Terminalbetreibern HHLA und Eurogate unterstützt und gefördert (VGL. PREUß 2015).

Zwischen 2009 und 2014 wurden erste Modernisierungsarbeiten am Rangierbahnhof umgesetzt, bei dem 120 km Gleis, 230 Weichen, 200.000 Schwellen und 200.000 m³ Schotter ersetzt wurden (VGL. WIESMÜLLER 2011). Eine erste Annäherung um die Herausforderung, der

Verlegung des Hinterlandsverkehr auf die Schiene, zu meistern, ist damit getan. Der intermodale Transport ins Hinterland des Hafens muss noch mehr zugunsten der Schiene ausgerichtet werden um eine Entlastung des Straßenverkehrs und somit eine höhere Umweltfreundlichkeit zu erzielen (VGL. GÖPFERT 2008).

9.2 Elbvertiefung

Als eines der wichtigsten Projekte des Hamburger Hafens ist die geplante neunte Vertiefung der Elbe. Sie gilt als eine der größten Vertiefungen aller Zeiten (VGL. SCHULDT 2014). Für den Hafen Hamburg ist diese Fahrrinnenanpassung der Unter- und Außenelbe von hoher Bedeutung hinsichtlich der zunehmenden Containerschiffsgrößen. Sie soll laut Befürwortern helfen, die Wettbewerbsfähigkeit des Hafens weiter auszubauen und die Möglichkeit bieten jedes Schiff der Welt in den Hamburger Hafen einlaufen zu lassen. Ausschlaggebender Punkt für die Elbvertiefung sind erneut die steigenden Größen der Containerschiffe, die sich nun auf den Weltmeeren bewegen (VGL. FELDT 2014).

Kritiker hingegen sehen vermehrt ökologische Probleme, die durch den anthropogenen Eingriff in den natürlichen Gegebenheiten der Elbe entstehen, welche auch als Symptome in der eigenen Darstellung (s. Abb. 1 (Broksch)) zu erkennen sind.

Der unterirdische „Kahlschlag" der Elbe wird viele Konsequenzen mit sich bringen. Wird die Fahrbahnrinne ausgebaggert, ändert sich das Fließverhalten des Flusses. Je tiefer ihr Bett, desto mehr Wasser bewegt sie und lässt das Wasser somit schneller fließen. Durch die Kraft des Wassers werden tiefe Narben in die Uferlandschaften gezeichnet. „Vor allem an schmalen Stellen und Flusskurven zwischen Hamburg und Cuxhaven mussten ganze Uferzonen neu befestigt werden, wertvolle Natur ist mancherorts nun öden Steinpackungen gewichen". Das schnellere Fließverhalten der Elbe führt ebenfalls dazu, dass bei Flut das Wasser stromaufwärts kräftiger drückt und somit Sediment und Schlick aus der Nordsee in den Fluss und seine Nebenadern gelangt. Bei Ebbe hingegen fließt die Elbe langsamer und nicht kräftig genug, um das eingetragene Material wieder abzutransportieren. Zusätzlich kann Hochwasser ein Resultat aus dem schnelleren und stärkeren Fließverhalten sein. Flachwasserbereiche verschlicken und fallen trocken. Ganze Seitenarme verlanden. Doch gerade diese Wasserzonen in Ufernähe sind besonders sauerstoffreich, sonnendurchflutet und bergen Nahrung für alle möglichen Arten. Drückt zudem Meerwasser stärker in die Elbe, drohen Süßwasserbereiche zu versalzen. Die dort angepasste Tier- und Pflanzenwelt nimmt zwangsläufig Schaden". Der Lebens- und Wirtschaftsraum der Elbe soll und muss daher in Bezug auf die Ausbaumaßnahmen berücksichtigt und respektiert werden (VGL. WWF).

Global gesehen allerdings, werden auch positive Folgen für die Umwelt gesehen. Der Einsatz von größeren Containerschiffen bedeutet eine höhere Tragfähigkeit der Schiffe und somit eine geringere Belastung der Umwelt pro geladenen Container. Der Brennstoffverbrauch sinkt genau wie der Schadstoffausstoß. Als Schlussfolgerung ist eine geringere Belastung der Umwelt zu erkennen. Eine Einschränkung gibt es hierbei allerdings. Die Containerschiffe müssen zur Austragung dieses Effektes voll ausgelastet sein. Mit einer vollen Auslastung der Kapazitäten der Schiffe, wird eine Kosteneinsparung der Reedereien erzielt, was ebenfalls als attraktiv angesehen wird (VGL. FELDT 2014).

Aus der näheren Betrachtung der geplanten Elbvertiefung ist eine eher kritische Haltung gegenüber dem Projekt zu erkennen, nichtsdestotrotz wird die geplante neunte Elbvertiefung, trotz kritischer Stimmen, im Jahre 2019 durchgeführt (VGL. NDR.DE).

9.3 Weitere Probleme der wachsenden Containerisierung

Betrachtet man die Konzeption des Syndromansatzes, werden regionale aber auch globale Probleme deutlich. Containerschiffe gelten als klimafreundlich, wenn man dies aber genauer betrachtet, ist dies nur ein Trugschluss. Im Bezug auf Luftschadstoffe schneiden die Containerschiffe weltweit deutlich schlechter ab, als andere Verkehrsmittel. „Die Ursache dafür sind Rückstandsöle aus der Rohölaufbereitung mit sehr hohen Schwefel- und Schwermetallgehalten, die in der Hochseeschifffahrt als Kraftstoffe eingesetzt werden. Derzeit darf der Schwefelgehalt im Schiffstreibstoff maximal 3,5 Prozent betragen (so genanntes „Heavy Fuel Oil", HFO). Der Schwefelgehalt von Lkw- und Pkw-Diesel von 0,001 Prozent wird damit um das bis zu 3.500-fache überschritten" (NABU 2018). Folgen sind dementsprechend große Mengen von Schwefeloxiden, Feinstaub, Stickoxiden und Ruß, die hochgiftig und schädigend für Mensch sowie Natur sind. Somit tragen Containerschiffe immens zu einem globalen und regionalen Klimawandel bei (s. Abb. 1 (Broksch)). Das sich die Kausalkette weiter bis zu der Bevölkerung zieht, ist eine logische Schlussfolgerung. Um genauere Wechselbeziehungen und weitere globale Auswirkungen zu verstehen, müssten dies in einer weiteren Ausarbeitung analysiert und erläutert werden.

10 Abgleich mit globaler Symptomsammlung

In der folgenden Tabelle werden die Kernprobleme des Hamburger Hafens mit der globalen Symptomsammlung der WBGU (siehe Anhang, Tabelle 2) abgeglichen und die relevanten Symptome den 4 Sphären; Klima/Luft, Boden, Wasser, Bevölkerung und Wirtschaft zugeordnet.

Wirtschaft	• Globalisierung der Märkte • Wachsendes Verkehrsaufkommen • Ausbau der Verkehrswege • Großprojekte • Ausbreitung der Geldwirtschaft
Boden/Wasser	• Veränderung der Wasserqualität • Änderung ozeanischer Strömungen • Erosionen • Meeresspiegelanstieg • Versiegelung • Gen – und Artenverlust
Klima/Luft	• Zunahme Luftverschmutzung • Globaler/Regionaler Klimawandel
Bevölkerung	• Gesundheitsschäden • Landflucht • Soziale & ökonomische Disparitäten • Soziale & ökonomische Ausgrenzung

Die in der Tabelle identifizierten Symptome können wir nun mittels des Syndromansatzes in Verbindung zueinander setzen. In Abbildung 2 (siehe unten) sind nun die Wechselbeziehungen der global auftretenden Symptome zu erkennen, die der Hamburger Hafen aufweist.

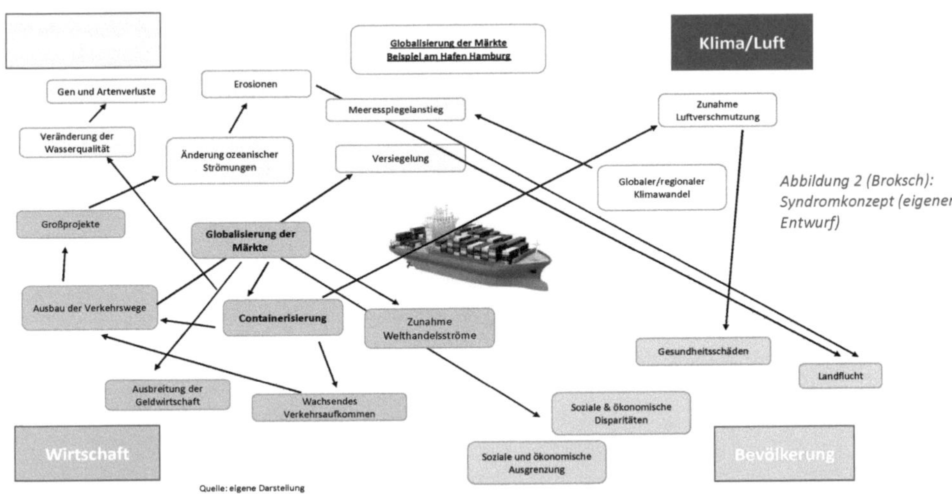

Abbildung 2 (Broksch): Syndromkonzept (eigener Entwurf)

Betrachtet man die Kernprobleme, die in Kapitel 9 genannt -und in der Tabelle aufgeführt wurden sind, stellt man fest, dass diese schon in verschiedenen Syndromkonzeptionen des globalen Wandels zu finden sind, wodurch wir die Probleme des Hamburger Hafens mit den von der WBGU festgelegten Syndromen des globalen Wandels, verbinden können.

Die Syndrome „Aralsee-Syndrom", „das Kleine-Tiger-Syndrom" und „das Raubbau-Syndrom" weisen ähnliche Kernprobleme auf, wie sie im Hamburger Hafen zu finden sind. Daher soll anschließend kurz eines der Syndrome („das Aralsee-Syndrom"), mit Blick auf die Hauptprobleme, beschrieben werden.

10.1 Das Aralsee-Syndrom

(Umweltschädigung durch zielgerichtete Naturraumgestaltung im Rahmen von Großprojekten)

„Im Rahmen des Aral-See-Syndroms werden jene Umweltdegradationen erfasst und analysiert, die durch eine großräumige Umgestaltung der Landschaft als nicht erwünschte Nebeneffekte von technischen, wasserbaulichen Großprojekten (Staudammbau, Be- und Entwässerungsprojekte, Flussausbau usw.) entstehen können. Neben den unmittelbaren Beeinträchtigungen der Natur können indirekte Wirkungen auftreten, die für den Globalen Wandel relevant sein können. Die sozialen Folgen (Zwangsumsiedlung, Gesundheitsschäden, internationale Konflikte usw.) können ihrerseits mittelbare Umweltschädigungen nach sich ziehen".

Die unmittelbaren Folgen nach Fertigstellung sind Änderungen im Fließverhalten, ein verändertes Sedimentationsverhalten und häufig eine Verschlechterung der Wasserqualität. „Die Wirkungen in der Natursphäre sind eine direkte Folge der Abflussänderungen, was zu . kosystemdegradation und -konversion vor allem bei limnischen Ökosystemen und bei Küstenökosystemen führt. Auch gibt es direkte und indirekte Verstärkung von Boden-degradation (Fertilitätsverlust, Erosion) (VGL. CASSEL-GINTZ & HARENBERG 2004). Auffällig ähnliche Aspekte weißt hier die Elbvertiefung im Hamburger Hafen auf. Die regionalen Kernprobleme sind identisch, weshalb wir das „Hamburger Hafen- Syndrom" teilweise, bezogen auf die Elbvertiefung, zu dem Aralsee-Syndrom zuordnen können.

11 Fazit und Ausblick

Als treibende Kraft für die steigende Containerisierung, wird der immer weiter steigende Wetthandel, als Resultat der Globalisierung, gesehen. Die Auswirkungen auf die Wirtschaftsknoten der Welt sind dabei immens, insbesondere auch für den Hamburger Hafen. Die Schiffsgrößenentwicklung, zu immer größer werdenden Schiffen, ist ein Ergebnis, welchem sich der Hamburger Hafen stellen muss. Durch die vielseitige Containerisierung von Waren blüht das Containergeschäft auf und der seewärtige Außenhandel nimmt somit zu. Dabei ist deutlich geworden, dass sich die Größen der Schiffe ebenfalls an die steigenden Mengen anpassen müssen und dies auch tun. Die Bewältigung der Abfertigung von „XXL-Schiffen" impliziert einige Veränderungen, die bewältigt werden müssen, um konkurrenzfähig zu bleiben.

Vor dem Hintergrund, dass der Hinterlandverkehr einen bedeutenden Teil der kompletten Transportkette im Containerverkehr darstellt, wird sich die Abwicklung der Container ins Hinterland weiter verändern, um noch effizienter zu werden. Da der Druck auf die Verkehrsanbindungen des Hinterlandes mit steigendem Transportaufkommen immer stärker wird, sind Baumaßnahmen an den Verkehrsnetzen des Hinterlandes essenziell notwendig.

Der zukünftige Hinterlandverkehr soll sich vor allem verstärkt auf den Schienenverkehr konzentrieren. Umso mehr Güter gleichzeitig bewegt werden können, desto nachhaltiger gilt der Verkehrsträger. Dazu ist nicht nur die nachhaltige Verbringung der importseitigen Container ins Hinterland zu beachten, sondern auch die der exportseitigen Container. Diese gelangen über den Hinterlandverkehr an den Hafen. Somit gilt es, das Gleichgewicht zwischen den exportseitigen und den importseitigen Containern möglichst auszugleichen um Leerläufe zu vermeiden. Um dementsprechend nachhaltig agieren zu können und die ökologische Dimension, die Bewahrung der Umwelt, sowie die Prinzipien bewahren zu können (siehe Leitfrage Kapitel 6), ist dies von großer Bedeutung.

Eine weitere Maßnahme um konkurrenzfähig im globalen Wettbewerb zu bleiben ist die Elbvertiefung. Es wurde aufgezeigt, dass aber neben den wirtschaftlichen Vorteilen, die durch das Großprojekt resultieren, auch nicht-nachhaltige Entwicklungen zu erkennen sind. Um das Ökosystem nicht aus dem Gleichgewicht zu bringen und weiterhin nachhaltig zu agieren, muss die Umwelt respektiert werden und über Alternativen nachgedacht werden. Diese könnten Seehafenkooperationen innerhalb Deutschlands sein, indem zum Beispiel der Tiefseehafen Wilhelmshaven und der Hamburger Hafen stärker kooperieren.

Weitere nicht-nachhaltige Entwicklungen wie die immense Luftverschmutzung sind ebenfalls Folgen der Containerisierung. Um die Umwelt und auch uns Menschen zu schützen muss auch dort umgedacht werden. Ein Wechsel des Kraftstoffes auf einen umweltverträglicheren Treibstoff sollte vermehrt festgelegt werden. „Dies kann ein Dieselkraftstoff mit einem Schwefelgehalt von maximal 0,005 Prozent sein. In Kombination mit wirksamer Abgastechnik Rußpartikelkatalysatoren, wie sie im Straßenverkehr längst etabliert ist, würden diese Maßnahmen die Emissionen von Ruß um 99 Prozent, von Stickoxid um 97 Prozent und aller weiteren giftigen Stoffe deutliche reduzieren".
Sauberere Kraftstoffe und wirksame Abgastechnik sind verfügbar und ihre Verwendung verteuert den Transport der Güter kaum. Die Mehrkosten je transportiertes Produkt würden nur marginal steigen, für ein T-Shirt beispielsweise nur um zwei Eurocent (NABU 2018).

Aus dem erstellten Syndrom (Hamburger-Hafen-Syndrom), lässt sich das Fazit sehen, dass ohne eine Veränderung der menschlichen Handlungen und einem Überdenken der Strategien des Hamburger Hafens, nicht-nachhaltige Entwicklungen eine Folge des globalen Wettbewerbes sind und auch bleiben werden. Erste Schritte zum Thema Nachhaltigkeit hat die HHLA umgesetzt. Für die HHLA ist die Minderung von Treibhaus-, Schadstoff- und Lärmemissionen das wichtigste ökologische Ziel. Dieses wird maßgeblich von der Wahl des Verkehrsträgers wie z.B. Seeschiffe oder Züge, der Routenplanung sowie der Elektrifizierung der Umschlagterminals beeinflusst. Durch den Einsatz größerer Containerschiffe, die Verlagerung des Güter-Straßenverkehrs auf die elektrifizierte Bahn und eine stetig wachsende E-Fahrzeugflotte an den Umschlagplätzen, konnten die CO_2-Emissionen zwischen 2008 und 2017 bereits um 28,9 Prozent pro umgeschlagenen Container reduziert werden. So soll z.B. der Container Terminal Altenwerder bis 2022 der weltweit erste Zero Emission Terminal werden.

Zusammenfassend lässt sich sagen, dass die Herausforderungen, die sich der Hamburger Hafen stellen muss, mit viel Arbeit und einem Umdenken nach Alternativen zu bewältigen ist, dabei allerdings immer alle Perspektiven, nicht nur die wirtschaftliche, betrachtet werden müssen. Um diese verschiedenen Perspektiven und Blickwinkel zu erkennen, ist der Syndromansatz sehr gut geeignet. In der Schule einsetzbar ist er ein gutes Hilfsmittel um die Mensch-Umwelt Beziehungen grafisch darzustellen sowie Verknüpfungen/Kausalketten zu verstehen und versuchen Lösungsansätze zu finden.

12 Anhang

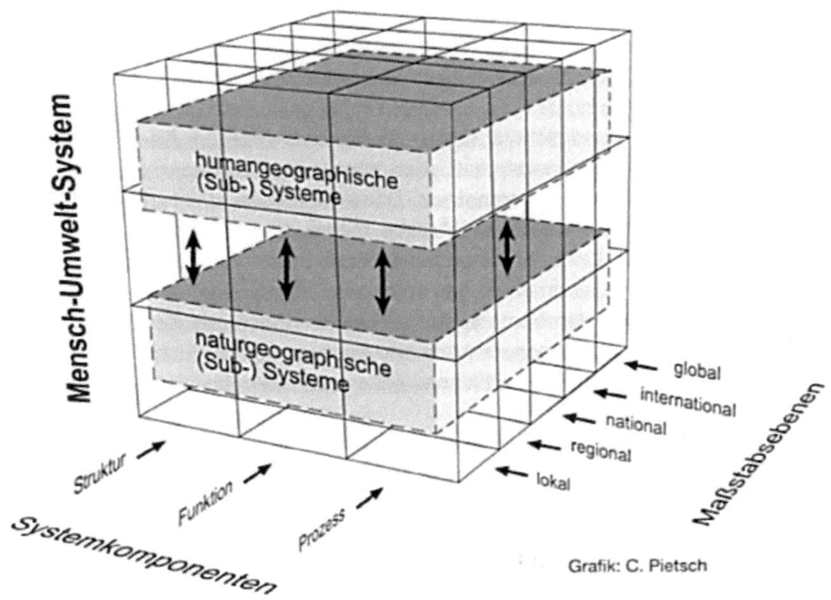

Abbildung 1: Basiskonzepte der Analyse von Räumen im Fach Geographie

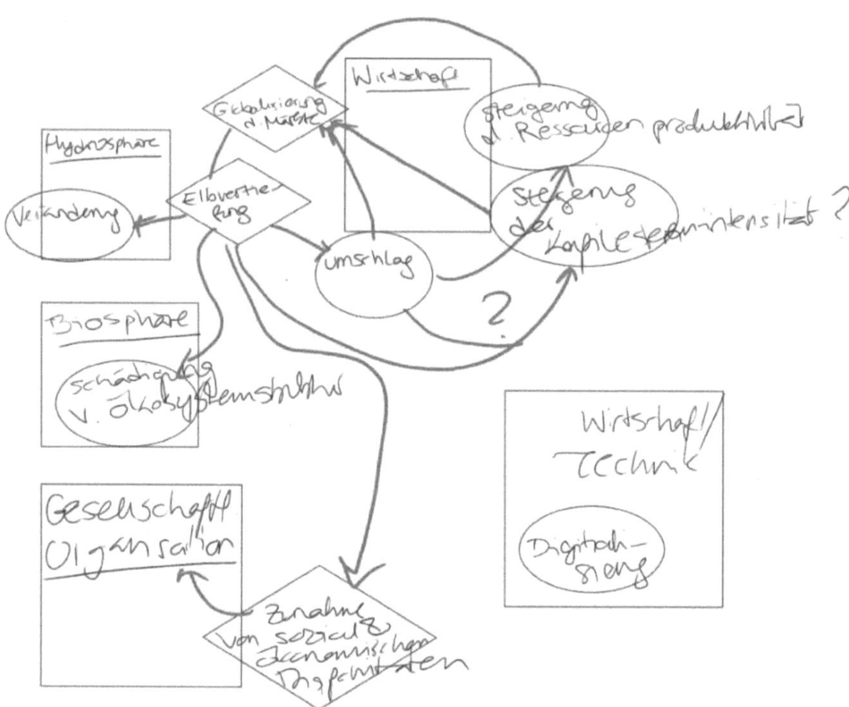

Abbildung 2: Beziehungsgeflecht vorher (eigener Entwurf)

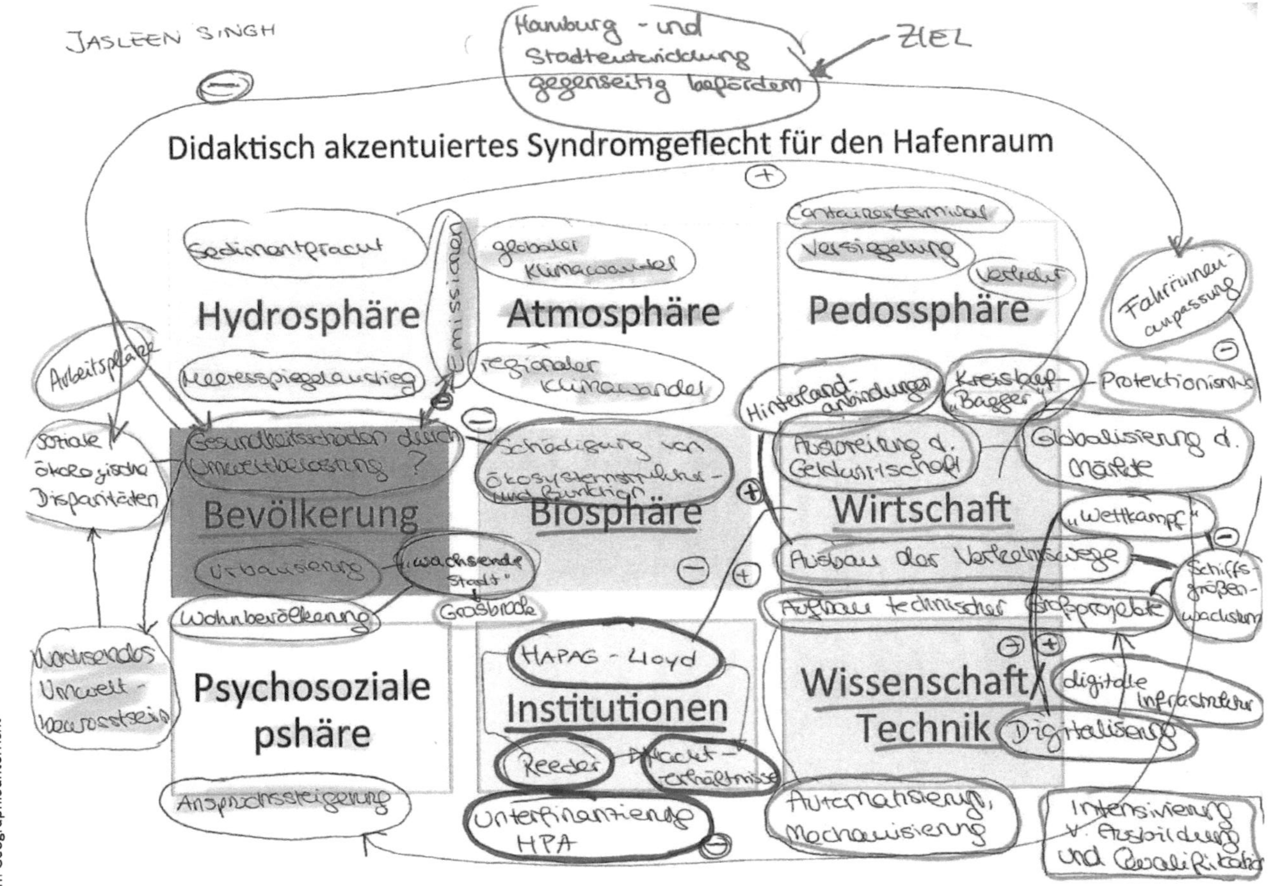

Abbildung 3: Beziehungsgeflecht nachher (eigener Entwurf)

Symptome	<ul><li>sind die Grundelemente der systemanalytischen Beschreibung der Dynamik des GW im Rahmen des Syndromkonzepts.</li><li>geben eine transdisziplinäre Zusammenschau der wichtigsten Entwicklungen im Rahmen des GW als qualitative Elemente.</li><li>bezeichnen komplexe natürliche oder anthropogene, dynamische Phänomene ohne die internen Vorgänge im Detail aufzulösen.</li><li>werden zunächst unbewertet umgangssprachlich definiert.</li><li>sind durch Indikatoren messbar.</li><li>beinhalten die temporalen Charakteristika der spezifischen Trends</li></ul>
Wechselwirkungen	<ul><li>sind die Verknüpfungselemente der systemanalytischen Beschreibung der Dynamik des GW im Rahmen des Syndromkonzepts.</li><li>spezifizieren die Form der Kausalbeziehung zwischen Symptomen unter bestimmten gegebenen Bedingungen.</li><li>können zwischen einem einzelnen Symptompaar bestehen, oder synergistisch zwischen mehreren an einer Kausalbeziehung beteiligten Symptome wirken.</li></ul>
Syndrome	<ul><li>sind nicht-nachhaltige Entwicklungsmuster in der Zivilisation-Natur-Koevolution, die nur über die Wechselwirkungen zwischen den einzelnen Elementen erklärt werden können.</li><li>sind anthropogen verursachte Schädigungsmuster.</li><li>sind Interaktionsmuster komplexer Phänomene.</li><li>werden mittels interdisziplinärer und intersektoraler Ursache-Wirkungskomplexe semi-formalisiert.</li><li>sind charakteristische Konstellationen von Symptomen und ihren Wechselwirkungen.</li><li>sind über die einzelnen Sphären des Erdsystems hinweg formuliert.</li></ul>

Tabelle 1: Definitionen der Grundbegriffe des Syndromkonzepts nach Cassel-Gintz

BIOSPHÄRE	PEDOSPHÄRE
Konversion natürlicher Ökosysteme Fragmentierung natürlicher Ökosysteme Zunahme anthropogener Artenverschleppung Resistenzbildung Zunehmende Übernutzung biologischer Ressourcen Gen- und Artenverluste Verlust biosphärischer Senken Verstärkung von biosphärischen Quellen Schädigung von Ökosystemstruktur und -funktion	Zunehmende Deposition und Akkumulation von Abfällen Verdichtung Versauerung / Kontamination Fertilitätsverlust (Humus, Nährstoffe) Erosion, morphologische Änderungen Versiegelung Versalzung, Alkalisierung Überdüngung
BEVÖLKERUNG	ATMOSPHÄRE
Bevölkerungswachstum Gesundheitsschäden durch Umweltbelastung Urbanisierung Landflucht Zersiedelung Internationale Migration	Verstärkter Treibhauseffekt Troposphären Verschmutzung Reduktion stratosphärischen Ozons Zunehmende regionale Luftverschmutzung Globaler und regionaler Klimawandel Zunahme von Spurengasen
HYDROSPHÄRE	GESELLSCHAFTLICHE ORGANISATION
Meeresspiegelanstieg Veränderung des Grundwasserspiegels Änderung ozeanischer Strömungen Veränderung der Eiskappen und Gletscher Süßwasserverknappung Veränderung der Wasserqualität (Pathogene, Nährstoffe, Toxine) Veränderung der lokalen Wasserbilanz Veränderte Frachten von partikulären & gelösten Stoffen	Verstärkung des nationalen Umweltschutzes Bedeutungszunahme der NRO Demokratisierung Soziale und ökonomische Ausgrenzung Zunahme ethnischer und nationaler Konflikte Institutionalisierung von Sozialleistungen Zunahme der internat. Abkommen & Institutionen Individualisierung Zunahme von sozialen & ökonom. Disparitäten Rückgang traditioneller gesellschaftlicher Strukturen Zunahme der strukturellen Arbeitslosigkeit Politikversagen
WISSENSCHAFT UND TECHNIK	PSYCHOSOZIALE SPHÄRE
Automatisierung, Mechanisierung Medizinischer Fortschritt Fortschritt in der Informationstechnologie Verbesserung des technischen Umweltschutzes Entwicklung regenerativer Energien und Rohstoffe Entwicklung neuer Werkstoffe, stoffliche Substitution Wissens- und Technologietransfer Fortschritt in der Bio- und Gentechnologie Intensivierung von Ausbildung und Qualifikation Wachsendes Technologierisiko	Sensibilisierung für globale Probleme Ausbreitung westlicher Konsum- und Lebensstile Anspruchssteigerung Emanzipation der Frau Wachsendes Umweltbewusstsein Erhöhung der Mobilitätsbereitschaft Zunehmendes Partizipationsinteresse Zunahme fundamentalistischer Strömungen
WIRTSCHAFT	
Zunehmender Tourismus Tertiärisierung Globalisierung der Märkte Internationale Verschuldung Ausbreitung der Geldwirtschaft Zunehmender Protektionismus Ausbau der Verkehrswege Wachsendes Verkehrsaufkommen Rückgang der traditionellen Landwirtschaft Intensivierung der Landwirtschaft	Zunahme umweltverträglicher Wirtschaftsweisen Zentralisierung Wirtschaftspolitischer Strategien Aufbau technischer Großprojekte Industrialisierung Steigerung der Ressourcenproduktivität Steigerung der Arbeitsproduktivität Steigerung der Kapitalintensität Zunahme der Welthandelsströme Steigerung der Nahrungsmittelproduktion Ausweitung landwirtschaftlich genutzter Flächen Zunehmender Verbrauch von Energie & Rohstoffen

Tabelle 2: Globale Symptomsammlung

Syndromgruppe „*Nutzung*"

1. Landwirtschaftliche Übernutzung marginaler Standorte: Das SAHEL-SYNDROM

2. Raubbau an natürlichen Ökosystemen: Das RAUBBAU- SYNDROM

3. Umweltdegradation durch Preisgabe traditioneller Landnutzungsformen: Das LAND-FLUCHT-SYNDROM

4. Nicht-nachhaltige industrielle Bewirtschaftung von Böden und Gewässern: Das DUST-BOWL-SYNDROM

5. Umweltdegradation durch Abbau nicht-erneuerbarer Ressourcen: Das KATANGA-SYNDROM

6. Erschließung und Schädigung von Naturräumen für Erholungszwecke: Das MASSENTOURISMUS-SYNDROM

7. Umweltzerstörung durch militärische Nutzung: Das VERBRANNTE-ERDE-SYNDROM

Syndromgruppe „*Entwicklung*"

8. Umweltschädigung durch zielgerichtete Naturraumgestaltung im Rahmen von Großprojekten: Das ARALSEE-SYNDROM

9. Umweltdegradation durch Verbreitung standortfremder landwirtschaftlicher Produktionsverfahren: Das GRÜNE-REVOLUTION-SYNDROM

10. Vernachlässigung ökologischer Standards im Zuge hochdynamischen Wirtschaftswachstums: Das KLEINE-TIGER-SYNDROM

11. Umweltdegradation durch ungeregelte Urbanisierung: FAVELA-SYNDROM

12. Landschaftsschädigung durch geplante Expansion von Stadt- und Infrastrukturen: Das URBAN-SPRAWL-SYNDROM

13. Singuläre anthropogene Umweltkatastrophen mit längerfristigen Auswirkungen: Das HAVARIE-SYNDROM

Syndromgruppe „*Senken*"

14. Umweltdegradation durch weiträumige diffuse Verteilung von meist langlebigen Wirkstoffen: Das HOHER-SCHORNSTEIN-SYNDROM

15. Umweltverbrauch durch geregelte und ungeregelte Deponierung zivilisatorischer Abfälle: Das MÜLLKIPPEN-SYNDROM

16. Lokale Kontamination von Umweltschutzgütern an vorwiegend industriellen Produktionsstandorten: Das ALTLASTEN-SYNDROM

Tabelle 3: Liste der Syndrome des Globalen Wandels

13 Abbildungsverzeichnis / Tabellenverzeichnis

Abbildungsverzeichnis
Abbildung 1: **Basiskonzepte der Analyse von Räumen im Fach Geographie.**
https://www2.klett.de/sixcms/media.php/229/Schwab%20Stadt%20und%20Geländeklima.pdf
(Letzter Zugriff am 25.12.2018).

Abbildung 2: **Beziehungsgeflecht vorher.** Eigener Entwurf.

Abbildung 3: **Beziehungsgeflecht nachher.** Eigener Entwurf.

Abbildung 1 (Broksch): **Syndromkonzept 1.** Eigener Entwurf,

Abbildung 2 (Broksch): **Syndromkonzept 2.** Eigener Entwurf.

Tabellenverzeichnis
Tabelle 1: **Definitionen der Grundbegriffe des Syndromkonzepts.** In: Gerstengarbe, F.-W.
(Hrsg.) (2001) PIK Report. No. 71. Gi- Gestützte Analyse Globaler Muster Anthropogener
Waldschädigung. Eine Sektorale Anwendung des Syndromkonzepts. Martin Cassel-Gintz.
S.37.

Tabelle 2: **Globale Symptom-Sammlung.** In: Gerstengarbe, F.-W. (Hrsg.) (2001) PIK
Report. No. 71. Gis- Gestützte Analyse Globaler Muster Anthropogener Waldschädigung.
Eine Sektorale Anwendung des Syndromkonzepts. Martin Cassel-Gintz. S.39.

Tabelle 3: **Liste der Syndrome des Globalen Wandels.** In: Gerstengarbe, F.-W. (Hrsg.)
(2001) PIK Report. No. 71. Gis- Gestützte Analyse Globaler Muster Anthropogener
Waldschädigung. Eine Sektorale Anwendung des Syndromkonzepts. Martin Cassel-Gintz.
S.44.

14 Literaturverzeichnis

(Letzter Zugriff am 26.12.2018)

ADEN, D.(2008): SEEHÄFEN – LOGISTISCHE NETZKNOTEN DER GLOBALISIERUNG. IN: BAUMGARTEN, H. (HRSG.): DAS BESTE DER LOGISTIK. INNOVATIONEN, STRATEGIEN, UMSETZUNGEN. BERLIN.

BÄßLER, A. (2006): DIE ENTWICKLUNG EINES SYNDROMKONZEPTS FÜR DIE MITTELMEERREGION AM BEISPIEL DES BEWÄSSERUNGSFELDBAUS IN SPANIEN. GRIN VERLAG.

BETTE, J. (2014): RAUMANALYSE UND RAUMKONZEPTE. PLANUNG, DURCHFÜHRUNG VON MEHRPERSPEKTIVISCHEN UND SYSTEMORIENTIERTEN RAUMANALYSEN. IN: GEOGRAPHIE AKTUELL UND SCHULE, HEFT 209, S. 21-40.

BÖHN, D. (2013): WÖRTERBUCH DER GEOGRAPHIEDIDAKTIK: BEGRIFFE VON A-Z. BRAUNSCHWEIG, WESTERMANN. S.263F.

CASSEL-GINTZ, M./ HARENBERG, D. (2002): SYNDROME DES GLOBALEN WANDELS ALS ANSATZ INTERDISZIPLINÄREN LERNENS IN DER SEKUNDARSTUFE, WERKSTATTMATERIAL NR. 1 DES BLK-PROGRAMM „21", BERLIN.

DGFG (HRSG.) (2017): BILDUNGSSTANDARDS IM FACH GEOGRAPHIE FÜR DEN MITTLEREN SCHULABSCHLUSS MIT AUFGABENBEISPIELEN. BONN. S.8-25.

FELDT, W. (2014): ALTERNATIVEN ZUR GEPLANTEN ELBVERTIEFUNG. IN: HINTZ, K. & SCHULDT, E.-O. (HRSG.): WAHR-SCHAU ZUR GEPLANTEN ELBVERTIEFUNG, DOKUMENTATION VON WISSENSCHAFTLERN
UND ZEITZEUGEN. NORDERSTEDT.

GERSTENGARBE, F.-W. (HRSG.) (2001): PIK REPORT. NO. 71. GIS- GESTÜTZTE ANALYSE GLOBALER MUSTER ANTHROPOGENER WALDSCHÄDIGUNG. EINE SEKTORALE ANWENDUNG DES SYNDROMKONZEPTS. MARTIN CASSEL-GINTZ. S.33-52. HTTPS://WWW.PIK-POTSDAM.DE/RESEARCH/PUBLICATIONS/PIKREPORTS/.FILES/PR71.PDF.

GÖPFERT I./ BRAUN D (2008): WELTUMSPANNENDE GÜTERFLÜSSE UND LOGISTIKLEISTUNGEN SOWIE RAHMENBEDINGUNGEN EINER GLOBALEN LOGISTIK. IN: BRAUN, D. (HRSG.): INTERNATIONALE LOGISTIK IN UND ZWISCHEN UNTERSCHIEDLICHEN WELTREGIONEN, 1. AUFLAGE, WIESBADEN.

HAMBURG PORT AUTHORITY (HRSG.) (2012): HAMBURG HÄLT KURS, DER HAFENENTWICKLUNGSPLAN BIS 2025,S. 11-75. INSTITUT FÜR SEEVERKEHRSWIRTSCHAFT UND LOGISTIK (2014): THESENPAPIER - EFFEKTE DER MEGA-CARRIER – BEDEUTUNG FÜR SEEHÄFEN UND HINTERLAND, HAMBURG.

AßMANN, J./ MÜLLER, A. (2018). ECKPUNKTE. ERFOLGSFAKTOREN FÜR DEN HAMBURGER HAFEN. ECKPUNKTPAPIER DER HANDELSKAMMER HAMBURG. IN: HANDELSKAMMER HAMBURG (HRSG.) (2018). WELTDRUCK GMBH & CO. KG. HAMBURG.

JÖRGL, T. (2013): NEUE STRÖME. LOGISTIK HEUTE, 10, 62-63

KANWISCHER, D. (2011): SYNDROMKONZEPT / VERNETZTES DENKEN. TEILMODUL: VL REGIONALE SYSTEMANALYSE / GEOGRAPHIEDIDAKTIK II IM MODUL 6: GEOGRAPHIEDIDAKTIK 2. HTTP://GEOLA.WEEBLY.COM/UPLOADS/8/0/0/3/8003997/SITZUNG_3_SYNDROMKONZEPT.PDF

KUMMER S./ SCHRAMM, H.-J. /SUDY, I. (2009): INTERNATIONALES TRANSPORT- UND LOGISTIKMANAGEMENT,WIEN.

MAKAIT, M. (2015): DIE BEDEUTUNG DER DEUTSCHEN SEEHÄFEN FÜR DEN DEUTSCHEN AUßENHANDEL, 4-6.

NABU (2018): MYTHOS KLIMAFREUNDLICHE CONTAINERSCHIFFE. HTTPS://WWW.NABU.DE/UMWELT-UND-RESSOURCEN/VERKEHR/SCHIFFFAHRT/CONTAINERSCHIFFFAHRT/16646.HTML.

NDR.DE (2018): WAS SIE ÜBER DIE ELBVERTIEFUNG WISSEN SOLLTEN. HTTPS://WWW.NDR.DE/NACHRICHTEN/ELBVERTIEFUNG-HAEUFIGE FRAGEN,ELBVERTIEFUNG730.HTML#ANCHOR1.

PREUß, O. (2015): TOR NACH MITTEL- UND OSTEUROPA. PORT OF HAMBURG MAGAZINE, 1.15, 24-27.

SCHULDT, E.-O. (2014): ERKENNBARE BAGATELLISIERUNG WICHTIGER EINWÄNDE. IN: HINTZ, K. & SCHULDT, E.-O. (HRSG.): WAHR-SCHAU ZUR GEPLANTEN ELBVERTIEFUNG, DOKUMENTATION VON WISSENSCHAFTLERN UND ZEITZEUGEN. NORDERSTEDT.

SCHINDLER, J. (2005): SYNDROMANSATZ: EIN PRAKTISCHES INSTRUMENT FÜR DIE GEOGRAPHIEDIDAKTIK. MÜNSTER, LIT.

TÄGLICHER HAFENBERICHT (2016): HÄFEN BEI MEGA- CARRIERN ÜBERFORDERT. NR. 52. DOKUMENTENNUMMER: 052FAB-MEGAFRACHTER-6155411-NEW.

UMWELTBUNDESAMT(2013): BODENVERSIEGLUNG. HTTPS://WWW.UMWELTBUNDESAMT.DE/DATEN/FLAECHE-BODEN-LANDOEKOSYSTEME/BODEN/BODENVERSIEGELUNG#TEXTPART-2.

WIESMÜLLER, B. (2011): MASCHEN MODERN; EUROPAS GRÖßTER RANGIERBAHNHOF WIRD MODERNISIERT. IN: EISENBAHN-MAGAZIN, HEFT 4.

WISSENSCHAFTLICHER BEIRAT DER BUNDESREGIERUNG FÜR GLOBALE UMWELTVERÄNDERUNG (HRSG.) (1996): WELT IM WANDEL: HERAUSFORDERUNG FÜR DIE DEUTSCHE WISSENSCHAFT, BERLIN, HEIDELBERG, SPRINGER-VERLAG.

WWF (O.J.): DIE FOLGEN DER ELBVERTIEFUNG FÜR FLUSS UND UMWELT. ELBVERTIEFUNG FÜR FLUSS UND UMWELT. HTTPS://WWW.WWF.DE/THEMENPROJEKTE/PROJEKTREGIONEN/TIDEELBE/DIE-KONSEQUENZEN/.